BEI GRIN MACHT SICH IHR WISSEN BEZAHLT

- Wir veröffentlichen Ihre Hausarbeit, Bachelor- und Masterarbeit

- Ihr eigenes eBook und Buch - weltweit in allen wichtigen Shops

- Verdienen Sie an jedem Verkauf

Jetzt bei www.GRIN.com hochladen und kostenlos publizieren

Oliver Kraft

Dresdens Stadtbild in den 1950ern - Aufbau des Sozialismus?

Die Fakultät für Bauwesen an Technischen Hochschule Dresden und ihre internationalen Beziehungen

Impressum:

Copyright © 2007 GRIN Verlag, Open Publishing GmbH
Druck und Bindung: Books on Demand GmbH, Norderstedt Germany
ISBN: 978-3-656-25874-2

Dieses Buch bei GRIN:

http://www.grin.com/de/e-book/156869/dresdens-stadtbild-in-den-1950ern-aufbau-
des-sozialismus

TU Dresden, Philosophische Fakultät, Institut für Geschichte, Lehrstuhl für Geschichte
der Technik und Technikwissenschaften
Hauptseminar: Dresden als Stadt von Technik, Industrie und Wissenschaften in der Zeit
des Nationalsozialismus und der DDR
Sommersemester 2007

Aufbau des Sozialismus?
Die Fakultät für Bauwesen an Technischen Hochschule Dresden: Ihre Internationale
Beziehungen und Dresdens Stadtbild in den 1950ern

Oliver Kraft

1. IN DRESDEN SOZIALISTISCHE PLATTENBAUTEN?

Nach dem Ende des Zweiten Weltkrieges stand auch Dresden unter Sowjetischer Verwaltung. In politischen, wirtschaftlichen und wissenschaftlichen Belangen richtete sich die neue politische Spitze nach der Besatzungsmachtsmacht. Die Gründung der Deutschen Demokratischen Republik ohne sowjetische Zustimmung ist nicht denkbar.[1] Ebenso wenig das Dresdener Stadtbild ohne die Diffusion der Ideologie aus der Union der Sozialistischen Sowjetrepubliken in diese besetzte Zone. Der »Arbeiter- und Bauernstaat« der SED orientierte sich an der UDSSR während der Industrialisierung in den Dreißigern des Zwanzigsten Jahrhunderts.[2] Zum Erreichen dieser Utopie beschäftigte die politische Spitze nicht nur zentralstaatlich organisierte Organe zur Erziehung und Überwachung der neuen Gesellschaft,[3] sondern versuchte auch, die neuen Menschen in die Indoktrination. Das es in der DDR Plattenbauten gegeben hat bildet die Motivation dieser Aufhellung, wie es dazu kommen konnte. Ein Anliegen ist zu zeigen, wie sich die internationale politische Entwicklungen auf die Lehre und Arbeit der Fakultät für Bauwesen und auf die Arbeit der Technischen Hochschule Dresden gestalteten. Denn schließlich warb die DDR ab 1955 mit Hammer und Zirkel[4] im Staatswappen für die Zusammenarbeit zwischen Industrie und Wissenschaft.

Um das Prinzip der Verbindung zwischen der Wissenschaft mit der Industrie und der Politik zu verstehen, erkundigt die nachfolgende Arbeit im Zeitraum zwischen Ende des Zweiten Weltkriegs und dem Baubeginn an den ersten beiden Plattenbau-Stellen in Dresden, wie die Wissenschaft schon frühzeitig im Fokus der DDR gestanden hat um den Sozialismus aufzubauen. Der Hauptteil wird einen allgemeineren Charakter aufweisen, als das Fazit. Dort fließt als Gradmesser der Wissenschaft ein Kontinuum ein, das es bis auf den heutigen Tag gibt: "Auf Anordnung des Hochschuloffiziers wurde [1952] die Wissenschaftliche Zeitschrift der Technischen Hochschule Dresden ins Leben gerufen. In dieser Zeitschrift konnte - oder besser gesagt musste - jeder Kollege über seine Arbeit berichten. Auf diese Art und Weise gewannen die Russen einen Überblick über alles, was sich in der Hochschule so tat."[5] Das stimmt so nicht ganz, aber dem nachzugehen,

---

[1] Bertram, Martin, et altera: Lösungsvorschlag LK Geschichte (Sachsen), Abiturprüfung 2003, Aufgabe B, in: Abitur 2007, Geschichte Leistungskurs Sachsen 1996 – 2006, Freising [12] 2006, S. 2003-15

[2] ebd., S. 172

[3] Bertram(2007), S. 2003-15

[4] Pieck, Wilhelm: „Gesetz über das Staatswappen und die Staatsflagge der Deutschen Demokratischen Republik · Vom 26. September 1955, http://www.documentarchiv.de/ddr.html, 02.08.2007 19:13

[5] Walter Henn: Zeitzeugenbericht über den Neubeginn, in: Pommerin, Reiner: Geschichte der TU Dresden - 1828 - 2003, Köln 2003, S. 256

weshalb sie existiert, war eine zweite Motivation für diese Arbeit und ist ebendrum ein Grund mehr gewesen, in den Vierzigern zu beginnen.

Mit dem ersten Fünfjahrplan der DDR von 1950, der den Auf- und Ausbau einer Schwerindustrie vorsah, entstand langfristig Bedarf an Gebäuden. Die erste verworfene Hypothese war, dass diese Gebäude zahlreich entstanden sind und in das Stadtbild von Dresden einflossen. Dazu kam in Dresden noch der Wohnungsmangel auf Jahre nach dem Krieg. Dass dieses Problem zwar in Angriff genommen worden ist, was aber in dem betrachteten Zeitraum noch nicht zu dem Stadtbild geführt das man in der DDR kannte, galt es ebenfalls zu korrigieren. Bis auf wenige Ausnahmen! In Dresden, scheint es, gedenkt man den Bomben von 1945, dem Abbruch[6] der Stadt hingegen nur in Klagen.. Aber nicht nur die Bomben führten in den Wohnungsnotstand. Er war eine Hypothek aus den Zwanzigern. In den Zwanzigern wurde das Problem bereits angegangen, wegen dem Einsetzen der Weltwirtschaftskrise 1929, der sich das Dritten Reich samt »Reichsnotprogramm«, Kriegsvorbereitungen und dem »Zweiten Weltkrieg« anschloss, nicht gelöst. Die Bomben und die Flucht und Vertreibung von Deutschen aus Osteuropa verschärfte das Problem aber noch einmal.[7] Damit stand das Bauen in der DDR bald unter dem Druck effizient und billig zu bauen, wofür aufgrund der politischen Umstände – die im Hauptteil entwickelt werden – sowjetische Hochhäuser und sozialistische Stadtbilder Pate standen. Der Anspruch ideologiekonform zu bauen wurde deshalb in den Fünfzigern über die Rubrik „Du und deine Stadt"[8] in der Sächsischen Zeitung beworben. In diesem Anspruch entwickelte sich als Leitbild Geräumigkeit der Stadt und neue Formen in der Stadt. Das schlug sich auch auf den Wohnungsbau nieder. Weil der in Dresden aber nicht mit dem historischen Zentrum vermischt werden sollte, vielmehr es bald verdrängen sollte, lag eine Lösung des Bauproblems in der Zerstörung der alten Bausubstanz. Folglich betitelte man die Ausgabe 28 der „Dresdner Hefte", die von der Stadtplanung in den Fünfzigern handelt „Wiederaufbau und Dogma".

„Zur Zentrierung der [politischen] Macht wurde schon frühzeitig auf eine dem neuen Machtverständnis hörige ‚Intelligenz' orientiert."[9] Nicht nur die TH wurde erweitert und mit Studenten aufgerüstet. 1949 wurde die »Fakultät für Bauwesen« aus der »Fakultät für Kommunale Wirtschaft« heraus gegründet.[10] Ihre potentiellen Absolventen

---

[6] Vgl. Ausstellung : „Der genossenschaftliche und gemeinnützige Wohnungsbau in Dresden zwischen 1898 und 1937" vom Deutschen Werkbund Sachsen e.V., die im Juli 2007 im Rathaus Dresden zu besichtigen war.
[7] Vgl. Fußnote 7
[8] Vgl. Fußnote 7
[9] TUD UA, Nr. 403, Gold, Steffi: Entwicklung der Auslandsbeziehungen der Technischen Hochschule/Technischen Universität Dresden in der Zeit von 1890 bis 1991, 1991, S.33
[10] Pommerin (2003), S. 265

waren im ganz speziellen Sinn auserkoren, den Sozialismus aufzubauen.[11] Die lehrenden Professoren vertraten die Auffassung, Besichtigungen vor Ort wären lehrreicher als Texte Lehrveranstaltungen[12], weshalb man Auslandsexkursionen als Bestandteil des Studiums haben wollte. Weil Auslandreisen aber zunehmend zum »Politikum« aufrückten, ist die Geschichte des Stadtbilds von Dresden seit den Fünfzigern also nicht zu verstehen, ohne die einseitige Ausrichtung der Exkursionen in Staaten die im »Rat für Gegenseitige Wirtschaftshilfe« vertreten waren. Obwohl man versucht hat, Baufachkräfte im gegenseitigen Kenntnis-Austausch auszubilden, gleichen Bauten der ehemaligen DDR Bauten von anderen ehemaligen sozialistischen Ländern, wie der Tschechischen Republik, Polen, Bulgarien und der Slowakei nicht aufs Haar. Das könnte unter anderem damit zu tun haben könnte, „dass akademische Ausbildung und Institutionen bei Studenten [nicht] das neuste Wissen reproduziert[, sondern die] Verwissenschaftlichung der Technik wird ... richtig verstanden, wenn man darunter ein Netzwerk von Fachkräften versteht, das vom Hörsaal über Laborstätten bis in die Industrieproduktion reicht"[13] und „dass im Verlauf des Krieges alle leistungsfähigen Baubetriebe [Deutschlands] für die Kriegswirtschaft abgezogen worden und auch die im Heimatbereich verbliebene technische Ausrüstung durch die Besatzungsmacht beschlagnahmt wurde, [sodass es notwendig war,] neue Betriebe aufzubauen"[14]. Um Zeit zu sparen ging die SED deshalb zur Großplattenmontage über[15]. Die Ablösung der »Handwerkelei« durch Plattenbauweise sollte „vor allem Arbeitskräfte aus dem Bausektor ... freigeben"[16], weshalb Absolventen von der »Fakultät für Bauwesen« selten auf dem Bau[17] arbeiteten. Doch ihr Einsatz wurde gerügt; 1959 hieß es, sie bauten noch nach den alten Methoden.[18] An der Wissenschaft ist der industrielle Bau in der DDR aber nicht gescheitert. Das bleibt als These erhalten, auch wenn Otto Baer nicht unrecht gehabt haben muss. Doch obwohl die Wissenschaft nach dafürhalten des Verfassers, zum Aufbau des Sozialismus beitragen wollte, dass war die wichtigste Erkenntnis im Arbeitsprozess, prägte der Plattenbau in den Fünfzigern nicht das Bild von der DDR, dass

---

[11] Vgl. Baer (1991): "das Grundproblem bestand wohl darin, dass in dem diffusen Bild der Funktionäre vom »sozialistisch Dresden« ...", S. 30
[12] TUD UA, Fak. für Bauwesen, 1945 – 68, Nr. 373, Professor Lewicki, Rundschreiben, 30.7. 1954, S. 2
[13] Mauersberger, Klaus: Wirtschaftskooperationen im Systemwandel am Beispiel des Wissenschaftlich-Photographischen Instituts, in „Wissenschaft und Technik – Studien zur Geschichte der TU Dresden", hrsg. v. T. Hänseroth, Köln, Weimar, Wien 2003, S. S. 136
[14] Baer (1991), S. 23
[15] Baer (1991), S. 28
[16] ebd., S. 28
[17] TUD UA. Fak. für Bauwesen, 1945-68, Nr. 131
[18] Baer (1991), S. 32

man heute mit sozialen Brennpunkten verbindet.[19] Die ersten Plattenbauten in Dresden glichen nämlich den Bauten der Zwanzigern, wie jeder Besucher sehen kann.

2. 1945 bis 1952: Anfängliche Ausrichtung der DDR nach Osten
2.1 Die Durchsetzung der Stalinistischen Herrschaft

Nach dem 13. Februar hatte die TH, nur rund 20 % des Gebäudebestandes im Vergleich zu Beginn des Monats.[20] Den Lehrbetrieb hat die TH aber erst am 20. April 1945 wegen »Feindannäherung« eingestellt.[21] Obgleich viele Mitarbeiter schon kurze Zeit nach dem Ende des Zweiten Weltkriegs aus der TH schieden[22] und Gegenstände die vor den Bomben am 13. Februar 1945 in Sicherheit gebracht worden waren, Dresden als Reparationen verlassen mussten[23], begrenzte sich die Pause im Lehrbetrieb auf circa ein Jahr – mit sowjetischer Zustimmung.[24] Die Restauration der Lehrgebäude, schrieb Reiner Pommerin, war 1949 „weitgehend abgeschlossen"[25] Im RGW-Beitrittsjahr hatte die TH Dresden wissenschaftliche Ressourcen in Form von 2.260 Studenten[26] gegenüber mehr als 110 Lehrenden an sechs Fakultäten,[27] die seit einer »Zweijahrplan-Tagung« 1948 dazu angehalten wurden, durch Arbeiten an vorgegebenen Problemen einen Beitrag zum gesellschaftlichen Gesamtwohl zu leisten.[28] Die im Mai 1949 von der »Deutschen Zentralverwaltung für Volksbildung« unter der SMAD verordnete Stärkung des Rektors brachte die Durchsetzung der Stalinistischen »Diktaturherrschaft" an die TH.[29] Dass der Rektor der TH zugleich der erste neue Dekan der Pädagogischen Fakultät gewesen ist, deren Kernfächer sich für Propaganda instrumentalisieren ließen und an die bereits 1949 einen Lektor für russische Sprache anstellte,[30] ließen in dieser Zeit vielleicht schon erahnen, das der politische Handlungsspielraum des »kommenden Deutschlands«, wesentlich von der UDSSR bestimmt werden sollte – auch nach der Verkündung der Souveränität am 12. März 1955.

---

[19] Najock, Daniel: „Plattenbau", http://www.lexi-tv.de/lexikon/thema.asp?InhaltID=1797&Seite=2, 2004, 02.08.2007 19:57

[20] Rektor Prof. Gruner: Rede in: UA TUD – Inv.-Nr. 926, „10 Jahre wissenschaftliche Arbeit in Lehre und Forschung der Technischen Hochschule Dresden 1949 – 1959", WZTHD (8), Dresden 1959, , S. X

[21] TUD UA – Inv. Nr. 403, Gold, Steffi: Entwicklung der Auslandsbeziehungen der Technischen Hochschule/Technischen Universität Dresden in der Zeit von 1890 bis 1991, 1991, S.32

[22] Pommerin (2003), S. 222-227

[23] ebd., S. 219-222

[24] ebd., S. 219

[25] ebd., S. 249

[26] ebd., S. 253

[27] Gold (1991) S. 57

[28] Pommerin (2003), S. 251f

[29] ebd., S. 252 und Vgl. Lexirom (1995-1996), „Stalinismus"

[30] ebd., S. 238ff.

2.2 Eine neue „wissenschaftlich-technische Intelligenz"?

Diese Abhängigkeit vom sowjetischen Machthaber wurde mithilfe der »Betriebsvereinbarung«, die der Rektor mit der Gewerkschaftsleitung der TH schloss, in die darunterliegenden Hierarchien weitergetragen. Die staatliche Durchdringung der Hochschulstruktur zielte darauf hin, Forschung und Lehre mit der Vision vom Aufbau des Sozialismus in einem Arbeiter- und Bauernstaat zu verbinden, was mit der Änderung von Zulassungsvoraussetzungen für ein Studium zugunsten von Arbeiter- und Bauernkindern als im Ansatz gelungen bezeichnen kann. Schon recht früh, seit Februar 1946, hatte der Freie Deutsche Gewerkschaftsbund begonnen, junge Frauen und Männer aus Arbeiter- und Bauernfamilien in Vorkursen auf ein Studium vorzubereiten. Die zuständigen Vorstudienanstalten waren bis 1948 vollständig in die Hochschulen integriert und wurden 1949 in »Arbeiter- und Bauernfakultät[en]« umbenannt.[31] In der frühzeitigen Orientierung der SED auf eine ihr hörige »neue Intelligenz« sahen sich die Lehrenden von zwei Seiten Vorbehalten konfrontiert; nicht nur übergeordnete Stellen achteten auf Sie, sondern Sie waren auch zur Ausbildung ihres (möglichen) Ersatzes aufgefordert – falls er notwendig würde. Auf der anderen Seite standen der geforderten Anpassungsleistung die ehrgeizigen Pläne der SED gegenüber, die Wissenschaftler unverzichtbar machten, welche nach dem Krieg und nach der politischen Korrektur des Lehrkörpers, auf den nun als nützlich erachteten Gebieten arbeiteten, lehrten und forschten. Deshalb bildete sich in der DDR eine Ehrungskultur heraus, die seit 1950 Nationalpreise und seit 1951 die Titel „Hervorragender Wissenschaftler des Volkes" oder auch „Verdienter Techniker des Volkes" verlieh, die zum symbolischen Bestandteil des Wissenschaftsbetriebs der DDR worden, wie ebenso oft „Verordnungen ... zur Verbesserung der Arbeits- [sic!] und Lebensbedingungen der Intelligenz"[32]. Die zunehmende Durchsetzung der Machtansprüche der SED brachte den Wissenschaftlern somit nicht nur Unannehmlichkeiten. Einzig die ersten Studenten der DDR kann man als politische Manövriermasse auffassen. Damit die DDR den von der SED angestrebten gesellschaftlichen Wandel erreichen konnte, hatten Industriebetriebe die zum Studium ausgewählte Arbeitskräfte von der Arbeit freizustellen.[33] Zwar wurden sie vom Industrieministerium aus der Produktion abgezogen, andererseits war die Technische Hochschule Dresden zwischen April 1950 und Mai 1952 dem »Ministerium für

---

³¹ ebd., S. 243ff.
³² Klaus, Werner, Buchmann, Klaus: „Chronik der TU Dresden von 1949 – 1955", Dresden 1975, Beiträge zur Geschichte der Technischen Universität (6), S. 8 und S. 27
³³ Pommerin (2003), S. 245

Industrie« unterstellt;[34] so dass die 1949 vom Rektor und der Gewerkschaft der TH „Betriebsvereinbarung" Staat, Industrie und Wissenschaft Grund für die Technik um uns herum, pointiert. Zwar förderte diese künstlich geregelte Orientierung der Frauen und Männer auf technische Studienrichtungen einen technischen Sachverstand, doch eben weil Anstieg der Studentenzahlen künstlich entstanden ist, zeigt sich der damit verbundene gesellschaftliche Aufstieg vorher bildungsferner Schichten, als Beitrag zur »Revolution des Proletariats«, den die SED-Propaganda als Vorzug des Sozialismus benötigt und verkündet hat,[35] in keinem positiven Kontrast zu Behauptung, dass Studenten »Manövriermasse« gewesen waren.

Über die Fähigkeit der SED, mit dem Faktor Mensch umzugehen, kamen Historiker zu dem Urteil, dass es Jahre nach dem Anlaufen der Umwälzung im Bildungsbetrieb nötig wurde, „solche Vorstellungen zu korrigieren, wonach alle Diplomanden nur als Wissenschaftler, Forscher und Entwickler tätig sein können."[36]

2.3 Die »2. Hochschulreform«: Arbeitsnorm und Mythenbildung

Der Anfang der DDR war auf Seiten der SED aber von phantastische Zukunftserwartungen geprägt, dass man die Wissenschaftler und die zum Studium ausgewählten Arbeiter und Bauern, die sogenannte neue »wissenschaftlich-technische Intelligenz« , finanziell abgesichert hat – mit dem »Wilhelm-Pieck-Stipendium« für hervorragende Leistungen[37] – während die 1. Funktionärskonferenz der FDJ vom November 1950 und die 4. Tagung des Zentralkomitees der SED unter Walter Ulbricht vom Januar 1951 im Gegenzug die »2. Hochschulreform« seit Kriegsende einläuteten. Im Februar 1951 gab die »Verordnung über die Neuorganisation des Hochschulwesens« dann Maßnahmen vor, mit denen das Hochschulwesen der DDR in die parteilich gewünschte ideologische und fachliche Richtung zu bringen sei.[38] Darin war ein allgemein obligatorisches Grundstudium der »Gesellschaftswissenschaften« und obligatorische Teilnahme am Sportunterricht festgelegt. Das Pensum stieg auf ein zehnmonatiges Studienjahr an und um die Leistungen der »neuen Intelligenz« zu überprüfen sah die »2. Hochschulreform« vor, Zwischenprüfungen zu absolvieren. Das

---

[34] Vgl. ebd., S. 252ff.
[35] Vgl. Pommerin (2003), S. 248, und TUD UA, Hochschulzeitung, 1958, Nr.13
[36] Pommerin (2003), S. 183
[37] ebd., S. 16
[38] Vgl. ebd., S. 16ff. und Pommerin (2003), S. 254

zusammen legt den Schluss nahe, dass die » Manövriermasse Student« 1952 einen festen Platz in der Kalkulation der Planwirtschaft gehabt hat.[39]

Seit den Umbesetzungen in Schlüsselpositionen im Rahmen der »Entnazifizierungsmaßnahmen« nach dem »Potsdamer Abkommen« vom August 1945 wurde die Wissenschaft der DDR in beständiger Anstrengung zu einer Massenorganisation aufgestockt, in ein vermachtes System von verschiedensten Organisationen eingegliedert und zentral so organisiert, dass die deutschen Stellvertreter der SMAD ihre Macht auf diesem Terrain am 7. Oktober 1949 längst nur erhalten und ausbauen mussten. Dafür wurde das 1950 gegründete und seit dem wachsende »Ministerium für Staatssicherheit« ein wichtiges Instrument, das auch an der TH eingesetzt wurde.[40] Ihm oblag, die junge DDR ruhig zu halten während die politische Spitze um Wilhelm Pieck, Otto Grotewohl, Walter Ulbricht für die internationale Anerkennung des demokratischen deutschen Staates werben.

Auch dafür fielen für die »neue Intelligenz« Aufgaben an: Ulbricht forderte die Hochschulen und Universitäten auf dem III. Parteitag der SED, im Juli des Jahres 1950 neben der Vorstellung des ersten Fünfjahrplans dazu auf, Deutschlands „Wissenschaft, … Kultur und Kunst zu hoher Blüte [zu] bringen und der Entwicklung einer wahren Volkskultur [zu] dienen.“[41] Neben dem Änderungen im Wissenschaftsbetrieb schuf die »2. Hochschulreform« neue bürokratische Organe die das Berliner »Staatssekretariat für Hochschulwesen« zentral erfasst hat, bis ihm alle Hochschulen unterstellt waren. Die TH wurde im Juni 1952 vom »Ministerium für Industrie« nach Berlin überstellt[42]. Die zentrale Erfassung der Wissenschaftler ermöglichte das Entstehen einer zeremoniellen Ehrungskultur die symbolisches Handeln im Wissenschaftsbetrieb zum Ritual werden ließ[43] und von einer wachsender Öffentlichkeit begleitet wurde wie der Vergleich mit die Geschichte der TH erweist. Denn 1952 erschien neben dem recht bald wieder eingestampften „Mitteilungsblatt“[44] die erste Ausgabe der »Wissenschaftlichen Zeitschrift der Technischen Hochschule Dresden«, die Rainer Pommerins Zeitzeuge, der Architekt und Professor für Baukonstruktion Walter Henn[45], auf einen „Befehl des

---

[39] ebd. S. 35

[40] Lexirom (1995-1996), „deutsche Geschichte“, „Sozialistische Einheitspartei Deutschlands“, „Stasi“, Vgl. Barkleit, Gehard: „Mikroelektronik in Lehre und Forschung an der Technischen Universität Dresden“, in „Wissenschaft und Technik – Studien zur Geschichte der TU Dresden“, hrsg. v. T. Hänseroth, Köln, Weimar, Wien 2003, S. 177

[41] Beiträge zur Geschichte der Technischen Universität (6), S. 11

[42] Pommerin (2003), S. 255

[43] Beiträge zur Geschichte der Technischen Universität (6), S. 11

[44] ebd., S. 36

[45] Lubitz, Jahn: Walter Henn 1912 – 2006 · Architekten-Portrait, 2007, http://www.architekten-portrait.de/walter_henn/index.html, 24.7.2007 11:20

Hochschuloffiziers" zurückführt indem er unterstreicht: „jeder musste ... über seine Arbeit berichten [damit] die Russen einen Überblick über alles, was sich in der Hochschule so tat" erhalten konnten[46]. Welchen Absichten dem »Befehl des Hochschuloffiziers« aber zugrunde gelegen haben, stand nicht dabei und man kann infolgedessen auch davon ausgehen, dass die DDR-Regierung die »WZTHD« wollte, und nicht die Russen, um die Wissenschaft der DDR propagandistisch aufblühen zu lassen auf das der neue deutsche Staat akzeptiert werden würde; in diesem Fall läge der Ursprung für die Entstehung der »WZTHD« in dem Wunsch der SED, den Sozialismus symbolträchtig aufzubauen.

Wie aufgezeigt wurde war die »2. Hochschulreform« nämlich keineswegs nur dafür gedacht die Wissenschaft zu erfassen, die Reform sollte sie auch nutzbar machen!

2.4 Die Triple-Helix aus Politik, Wissenschaft, Industrie

Die Wissenschaft sollte durch »Freundschaftsverträgen« die zentral über das »Prorektorat für Forschungsangelegenheiten«, einem neuen Organ aus der »2. Hochschulreform« , abgeschlossenen zur Blüte gebracht werden. Seit 1951 verbanden sie die TH mit dem volkseigenen Betrieb »Bau-Union« (Dresden), neben anderen. Bereits im Dezember des Jahres befand der zuständige Professor Faltin, dass von Seiten der TH zwar keine weiteren Freundschafts- und Patenschaftsverträge mehr angenommen werden könnten, sich die Zusammenarbeit nach dem Prinzip, die Industrie legt Wissenschaftlern Probleme vor und nehmen im Gegenzug Studenten in Exkursionen und Praktika ab, für alle Parteien von Vorteil sei.[47] Dieser Anschein von einer gelungenen Verbindung wurde die TH auch mit einem eigenen Stand auf der »Leipziger Messe« im September des Jahres 1952 gerecht.[48]

2.5 Indienstnahmen und Umerziehung der Wissenschaft?

Die UDSSR war nach dem Krieg bestrebt die »Sowjetische Besatzungszone« rasch und streng zu Entnazifizieren und eigene politische Strukturen zu etablieren mit denen die DDR dauerhaft in ihrem Machtbereich verankert werden sollte, unabhängig davon wie lange die Besatzung andauerte. Dafür wurde versucht das wirtschaftliche Potential der 1949 entstandenen DDR möglichst stark auszuschöpfen.[49] Im Gründen

---

[46] Pommerin (2003), S. 256
[47] Beiträge zur Geschichte der Technischen Universität (6), S. 18 und S. 29
[48] ebd., S. 36
[49] Vgl. Abelshauser, Werner, Deutsche Wirtschaftgeschichte seit 1945, München 2004, S. 113ff

zentraler Dach- für Massenorganisationen gelang es die deutschen Bürger zu erfassen die auf den Wiederaufbau Deutschlands gelenkt werden sollten. „Die Produktionsorientierung der Sowjets fand zunächst in der Bevölkerung durchaus Resonanz. Nach der tiefen Katastrophe regten sich Aufbauwille und sogar ein Anflug von Optimismus.[50]

Aber gegen diese bürokratische Ebene regten sich in der SBZ sowie der späteren DDR Wiederstände; Professor Heinrich Barkhausen an der TH war nur ein Vertreter derer, die Bedenken gegen den »Zweijahrplan« von 1948 äußerten.[51] Diese Bedenken mehrten sich weil der Kontakt in die anderen Besatzungszonen – zum Leidwesen der SED – in den Fünfzigern eingeschränkt, aber dennoch möglich gewesen war. Er bot einigen Wissenschaftlern die Möglichkeit, die DDR zu verlassen. Walter Henn zum Beispiel; der angeführte Opponent gegen die »WZTHD«[52], hatte sich seit 1947 mit der „Sicherung und dem Wiederaufbau historischer Bauwerke" beschäftigt, sodass sich seine umfangreiche Publikationstätigkeit in der Zeitschrift „Baumeister" ab 1948 1952 in einem Ruf an die TH Braunschweig niederschlugen, dem sich ein Jahr später sein Wegzug aus Dresden auf den Braunschweiger „Lehrstuhl Baukonstruktion und Industriebau" anschloss.[53]

Aufgrund solcher Biographien kam Professor Freitag, der neben einem Lehrstuhl an der TH Dresden die »Abteilung für Forschung« im »Staatssekretariat für Hochschulwesen« leitete, 1952 dazu, anlässlich einer Arbeitsbesprechung zwischen Wissenschaftlern im »Prorektorat für Forschungsangelegenheiten« anstatt zu einer positiven Einschätzung über die Indienstnahme einer neuen Intelligenz zu kommen, festzustellen, dass es an qualifiziertem Nachwuchs fehlt, der der neuen Politik in der DDR hörig ist.[54] Die Umgestaltung und Indienstnahme der TH ist also mit erheblichen Einschränkungen verbunden gewesen und das trug dazu bei, dass der erste Fünfjahrplan der DDR 1955 mit Rückständen abgeschlossen worden ist.[55]

---

[50] ebd. , S. 113
[51] Pommerin (2003), S. 251f
[52] ebd., S. 256
[53] Lubitz (2007)
[54] Vgl. Beiträge zur Geschichte der Technischen Universität (6), S. 38 „Zur Erfüllung der Aufgaben in der DDR sei es notwendig … die Sowjetwissenschaft gründlich auszuwerten…"
[55] Lexirom (1995-1996), „deutsche Geschichte"

3. 1952 - 1955: Die endgültige Festlegung auf den Sozialismus?

3.1 Nach den »Stalinnoten«: „Russifizierung" der Technischen Hochschule

Als Walter Ulbricht 1950 den Fünfjahrplan vorgestellt hat insistierte er für den »Aufbau des Sozialismus« in der DDR darauf, „einer wahren Volkskultur [zu] dienen" und verstand darunter die Verherrlichung der UDSSR und die Übernahme ihrer Leistungen.

Voll um Tragen kam dieser Aufruf erst seit 1952, nachdem die Wiedervereinigung der zerfallenen »Anti-Hitler-Koalition«, die Stalin trotz der »Berlin-Blockade« zwischen 1948 bis 1949, der Gründung der beiden deutschen Staaten 1949 und deren jeweilige Eingliederung in die entgegengesetzten »Blöcke«, nicht aus den Augen verloren hatte, mit der Zurückweisung der »Stalinnoten« durch die Westmächte im März des Jahres endgültig scheiterte.[56] Anstatt auf ein wiedervereinigtes, neutralisiertes Deutschland orientierte man sich von nun an in der DDR gegen die Wiedervereinigung[57] und richtete sich darauf ein den Status quo längerfristig zu erleben. Im Mai des Jahres wurden Nationale Streitkräfte aufgestellt, die DDR wurde von der Verwaltungsreform Juli in vierzehn Bezirke plus dem Bezirk Berlin aufgeteilt, Sachsen in drei.[58] Damit zeichnete sich der Weg zur »stabilen« DDR ab, der in den Fünfzigern von weiteren Abkommen unter sowjetischer Ägide mit dem sozialistischen Ausland verflochten wurde.

Der TH brachte diese Wendung in der internationalen Geschichte, nach dem Kulturabkommen zwischen der DDR und Polen vom Juni 1950[59] und dem ersten Auslandsstudenten an der TH, für den eine Hochschulgruppe der »Freien Deutschen Jugend« zur »Internationalen Studentenwoche« an der TH 1951 Geld »sammelte«[60], ab 1952 weitere internationale Kontakte mit den Sozialistischen »Bruderstaaten« – allen voran mit der UDSSR. Deshalb wurde im November 1952 an der TH der „Monat der Deutsch-Sowjetischen-Freundschaft" begangen in dem unter der Anwesenheit eines sowjetischen Wissenschaftlers für die Sowjetische Kultur, ihre Nationalhelden und deren Einfluss auf die Neuerungen in der SMAD geworben wurde.[61] Dieser Schwerpunkt lag in der Kulturpolitik begründet die Stalin gegenüber nicht-sowjetischen Staaten betrieben hat.[62] Parallel zu dieser Veranstaltung lief in diesem Monat auch die Gründung von

---

[56] Vgl. Ansprenger, Franz: Wie unsere Zukunft entstand, Ein kritischer Leitfaden zur internationalen Politik, Schwalbach/Taunus[3], 2005, S. 97 – 107, speziell S. 105
[57] Bertram (2006), S. 2003-16
[58] Vgl. Lexirom (1995-1996), „deutsche Geschichte", „Sachsen"
[59] Beiträge zur Geschichte der Technischen Universität (6), S. 10
[60] ebd., S. 28, Vgl. Gold (1991), S. 58 Auslandsstudenten waren erst ab 1953 an der TH Dresden
[61] Beiträge zur Geschichte der Technischen Universität (6), S. 39
[62] Das 20. Jahrhundert in Wort, Bild, Film und Ton (5), S. 371

»Studentenzirkeln« zur Aneignung der »Sowjetwissenschaften« an[63] über deren weitere Gestaltung man sich auf dem ersten Konzil der TH , deren Motto „Zur Aneignung und Auswertung der Sowjetwissenschaften" lautete, im Mai 1953 verständigte. Um sowjetische Wissenschaft mit der Praxis zu verbinden sollte die Kommunikation zwischen deutschen und sowjetischen Wissenschaftlern sowie die Auswertung sowjetischer Literatur intensiviert werden.[64]

Damit und auf weiteren Grundlagen verstärkte sich die innere Verflechtung der DDR mit dem »Ostblock«, was Moskau im Mai 1953 mit der Auflösung der sowjetischen Kontrollkommission zugunsten eines sowjetischen Hochkommissars und dem Versprechen neuer, besserer Lebensbedingungen, mit einem »Neuem Kurs« belohnt hat.[65]. Das Programm der 125-Jahr-Feier der TH im Juni des Jahres bot Dresden eine Gelegenheit die versprochenen besseren Lebensbedingungen exemplarisch kennenzulernen. Es begann mit einem Festzug von der Brühlschen Terrasse, wo das erste Gebäude der alten TH gestanden hat, zur Jubiläumsfeier in das „Große Haus" der „Staatstheater" und wurde von einer Ausstellung über die TH im zentral gelegenen Dresdener Rathaus begleitet. Die Grundsteinlegung für das neue Studentenheim an der Reichsstraße, ein symbolischer Akt der für die Zukunft noch mehr »neue Intelligenz« verhieß, am letzten Festtag, haben ein Sportfest, ein öffentlicher Auftritt des Kulturensembles der TH im Großen Garten und eine Tanzveranstaltung auf der Brühlschen Terrasse eingerahmt. – Dass die Feiern aber nicht die Realität widerspiegeln mussten zeigten die Ereignisse vom 17. Juni, der kurz nach der Jubiläumsfeier war. Deshalb folgten dem Ausnahmezustand nach der im Keim erstickten Revolution im Juli 1953 des Jahres die Beschlüsse der 15. Tagung des Zentralkomitees der SED, die zur Bedürfnisbefriedigung der DDR-Bürger den Aufbau der Schwerindustrie zugunsten der Konsumgüterproduktion einschränkten.[66] Diese Entscheidung bewirkte, dass der »Aufbau des Sozialismus« in der DDR einen anderen Weg einschlagen musste, als man bis März 1953 unter Stalin vorangetrieben hat.

Weitere Änderungen begleiteten die DDR Zeit nach Stalins Tod im März, dem im Juli Nikita Sergejewitsch Chruschtschow an die Spitze im Russischen ZK durch den Sturz Malenkows folgte.[67] Mit ihm setzte die »stumme Entstalinisierung« ein, die im Oktober 1953 den Bauingenieur Professor Peschel in das Amt des Rektors der TH führte.

---

[63] Beiträge zur Geschichte der Technischen Universität (6), S. 39
[64] ebd., S. 45
[65] Körner, Klaus:" Adenauers Kanzlerdemokratie und Ulbrichts DDR-Sozialismus", Stuttgart 2002, Das 20. Jahrhundert in Wort, Bild, Film und Ton (5), S. 171
[66] Das 20. Jahrhundert in Wort, Bild, Film und Ton (5), S. 285
[67] ebd., S. 367

Da das Schicksal der DDR nicht unabhängig von Moskau gewesen ist, war der »Neue Kurs« der SED, dem Peschels Inaugurationsvortrag über „die Bedeutung der Geodäsie für [den] Wirtschaftsaufbau" nachkam[68], auf den politischen »Neuen Kurs« Moskaus abgestimmt, der im Gegensatz zur ideologischen Überhöhung der Sowjetunion im Jahr zuvor im „Monat der Deutsch-Sowjetischen Freundschaft" an der TH bereits im September 1953 „Sowjetische Technik", „Sowjetische Schrift" und „Sowjetische Hochhäuser in Moskau" präsentierte und damit anders als bisher für den Sozialismus warb[69] – mit einem „Schaufenstereffekt" nach westlichem Vorbild.[70]

Nach den Verschärfungen im deutsch-deutschen Konflikt seit der Unterzeichnung des „Deutschlandvertrages" zwischen der BRD und den »Westmächten« am 25. Juni 1952[71], den die SED-Organe mit einer kurzzeitigen Unterbrechung der Telefonverbindungen und dem Einrichten eines Grenzgürtels um Berlin beantwortet haben und im Zuge der Versorgungskrise in der DDR, die im Dezember 1952 den „Rücktritt" von Ernährungsminister Hamann und Staatsekretär Albrecht zur Folge hatte[72] beklagte man an der TH 1953 die Unmöglichkeit, Fachkräfte zu werben, die den „Schaufenstereffekt" in der DDR einlösen könnten.[73] Weil die UDSSR nach dem Zurückweisen der »Stalinnoten«, dem Vorschlag ein neutrales, schwaches, vereinigtes Deutschland zu schaffen, noch stärker auf eine stabile DDR angewiesen war, kam die UDSSR nach dem Ausnahmezustand vom Juni des Jahres der SED im Juli zuerst mit Lebensmittel zur Hilfe,[74] erklärte danach im August ihren Verzicht auf Reparationszahlungen ab Januar 1954,[75] bereitete die DDR-Bürger beispielweise im „Monat der Deutsch-Sowjetischen Freundschaft" auf die »bessere Zukunft« dank sowjetische Hilfe vor,[76] informierte sich in den Hochschulen über die gegenwärtige personelle Fachkräftesituation[77] in der DDR und entsandte ab Dezember 1953 sowjetische Wissenschaftler nach Deutschland um weitere angespannte Situationen

---

[68] Beiträge zur Geschichte der Technischen Universität (6), S.54

[69] ebd., S. 56

[70] Vgl. Abelshauser (2004) , S. 127

[71] Das 20. Jahrhundert in Wort, Bild, Film und Ton (5), S. 44

[72] ebd., S. 53

[73] UD UA. Fak. für Bauwesen, 1945-68, Nr. 373, Lewicki, Semesterabschlussbericht, 2.2. 1954, S. 2: Prof. Lewicki meldete vor allem Bedarf an Fachleuten für Baugrundmechanik

[74] Das 20. Jahrhundert in Wort, Bild, Film und Ton (5), S. 62

[75] ebd., S. 63

[76] Vgl. Beiträge zur Geschichte der Technischen Universität (6), S.55: Prof. Tschilikin, Prof. an der Hochschule für Mechanisierung und Elektrifizierung der Landwirtschaft in Moskau hat Anfang November Vorträge über „Die Entwicklung und die Lehre von der Theorie des elektrischen Antriebes" und über „Die Mechanisierung der Landwirtschaft" gehalten

[77] ebd., S. 56: Prof. Bardin, Vizepräsident der Akademie der Wissenschaften der UDSSR besuchte das am Institut für Metallurgie der TH – Vgl. Lexirom (1995-1996), „deutsche Geschichte": „Beitritt zur Europäischen Gemeinschaft für Kohle und Stahl (Montanunion, 1951/52)"

vermeiden zu können. Die ersten beiden an der TH kamen an das „Institut für Landmaschinenbau" und an die „Fakultät für Ingenieurökonomie" – wie die „Fakultät für Wirtschaftswissenschaften" seit 1953 hieß.[78] Ihnen folgte im darauffolgenden Januar Professor Aristowskij aus der Ukraine[79] an die Fakultät für Bauwesen, wo er einen Lehrauftrag über die Gebiete „Erddämme, Kanäle, Wehrbauten" im Bereich „Baugrundmechanik" an der TH wahrnahm.[80] Notwendig war sein Kommen, nachdem man sich in Europa im Januar 1953 mit der „schlimmsten Sturmflut [seit über 500 Jahren]" konfrontiert sah[81] und man in der DDR Sicherheitsvorkehrungen zu treffen hatte.

Stalins Variante schloss sich somit aufgrund einer Zwangslage die von einer Not verursacht war im Studienjahr 1953/54 eine veränderte Form von „Russifizierung" an, die mit Wohlstand für die DDR argumentierend, neben der Verpflichtung am Russischunterricht und an dem – nach Stalins Tod sicherlich bereinigten – „gesellschaftswissenschaftlichen Grundstudium" teilzunehmen, verlangte, zwei Semesterwochenstunden Sport zu machen.[82] Damit wurde die „wahre Volkskultur" die Walter Ulbricht 1950 ausgegeben hatte 1953 in ihrer Wurzeln verbindlich auf das russische Vorbild ausgerichtet. Daraufhin begann die Ausbildung an der TH mit dem Studium vor dem Zweiten Weltkrieg verwandt zu werden, das „jede effektive Ausbildung der zugelassenen Studenten mehr und mehr unmöglich gemacht [hat]. Arbeitsdienst und Wehrpflicht beanspruchten Jahre potentieller Arbeit und auch während der eigentlichen Ausbildung liegt der Nachdruck … gänzlich auf der »Stählung« von Körper und Charakter und", resümierte der englische Wissenschaftstheoretiker Bernal in den Achtzigern. Weil man hingegen die Teilnahme am Unterricht in Englisch, Französisch, Latein und deutscher Literatur 1953 zur freiwilligen Angelegenheit erklärt hat, passt seine Bernals Kritik, der Bildungsschwerpunkt lag „nicht auf der Entwicklung der Intelligenz."[83]

---

[78] ebd., S. 56
[79] Lexirom (1995-1996), „Odessa", „Ukraine"
[80] Beiträge zur Geschichte der Technischen Universität (6), S. 60 und Vgl. Lexirom (1995-1996), „Odessa"
[81] Unger, Monika: „Sturmflut 1953", in: Das 20. Jahrhundert in Wort, Bild, Film und Ton (5), S. 163
[82] Beiträge zur Geschichte der Technischen Universität (6), S. 52
[83] Bernal, J. D.: Die soziale Funktion der Wissenschaft im Faschismus, 1986, in Gold (1991), S. 19

3.2 Der Transfer sowjetischer Technikwissenschaft ab 1954

Mit dem neuen Leitbild für die Menschen kam in den Fünfzigern auch ein neues Stadtgefüge in dem die »gestählten Menschen« [84] als »homogene sozialistische Gesellschaft«[85] leben könnten. „Der Altmarkt", verkündete die Sächsische Zeitung 1953, „soll zentraler Aufmarschplatz für Standdemonstrationen werden. Die Verbindung zwischen Pirnaischem Platz und Postplatz ist als sozialistische Straße auszubauen, in der sie Bevölkerung Fließdemonstrationen durchführt."[86]. Hinzu kam, das die Planung für die Bebauung des Ost- und Westseite des Altmarktes vorsahen, Wohnhäuser zu errichten, deren unterste Etagen Ladengeschäfte enthielten. Auf diese Weise wurde bezweckt, der „vielen, an den Geschäftsstraßen (der alten kapitalistischen Gesellschaft – Anm. d. Verf.) des Stadtkerns aufgereihten, privatwirtschaftlich betriebenen und vielfach noch mit der Wohnung des Inhabers verbundenen Einzelläden"[87] zu entbehren. Darin zeigt sich neben der Machtzunahme der SED die über das Stadtbild entschied[88] auch der sowjetischen Einfluss auf die DDR-Wissenschaft. Denn mit ihm kamen nicht nur Gastprofessoren an die TH – diese Hilfe wäre noch unzureichend, meinte der Prodekan der Fakultät Professor Lewicki im Februar1954 in seinem „Semesterabschlussbericht für das Herbstsemester ... 1953" an Dekan der Fakultät für Bauwesen Professor Funk[39] – sondern auch russische sowjetische Baustile.

Die beiden Professoren waren außer im Dekanat der Fakultät in Dresden seit Dezember 1953 auch als ordentliche Mitglieder[90] der „Deutschen Bauakademie" in Berlin vertreten, die im Zuge der »2. Hochschulreform« zwei Jahre zuvor gegründet worden war.[91] Der Direktor in diesem zentralen Organ des wissenschaftlichen Bauwesens der DDR, Professor Kurt Liebknecht, war zuvor „in der Sowjetunion im Bauwesen tätig gewesen"[92] und brachte von dort den „sozialistische Realismus" als Baustil in die DDR mit. Dieser war gekennzeichnet durch die „Zurschaustellung [von großen kollektiven]

---

[84] ebd., S. 19

[85] Abele (2003), S. 173

[86] Sächsische Zeitung, 30. Mai 1953, Vgl. Reichert, Friedrich: „Aufbau der Stadt Dresden · 1945 – 2002", Altenburg 2003, Dresdner Geschichtsbuch (9), hrsg. v. Stadtmuseum Dresden,, S. 256

[87] TUD UA. Fak. für Bauwesen, 1945-68, Nr. 168: „Probleme der Umwandlung und des Wiederaufbaus der Stadtzentren in der DDR", S. 3

[88] Vgl. Baer (1991), S. 24

[89] TUD UA. Fak. für Bauwesen, 1945-68, Nr. 372

[90] Beiträge zur Geschichte der Technischen Universität (6), S.58

[91] ebd., S. 28

[92] Baer, Otto (1991), S. 24

Einrichtungen"[93], wie man 1953 im „Monat der Deutsch-Sowjetischen Freundschaft" an der TH besichtigen konnte.[94] Dass die beiden erst Ende des Jahres nach Berlin berufen wurden lag darin begründet das die Bebauung der Städte vorher nicht in dem Maß stattfinden konnte, denn in Dresden dauerte die »Freilegung« des Stadtgebietes noch bis 1953 an.

Die internationale Entspannungstendenz, die Chruschtschows UDSSR einleitete, brachte im Januar 1954 die Außenminister der »vier Mächte« nach Berlin um auch wieder über die Wiedervereinigung Deutschlands zu sprechen. Weil diese Konferenz für die »Deutsche Frage« ohne Ergebnis geblieben ist[95] entsandte die TH, ohne politische Zustimmung undenkbar, 1954 Wissenschaftler-Delegationen in die BRD. Unterdessen nahm sich die FDJ-Organisation der TH vor, Briefkontakte mit „westdeutschen Bürgern" zu pflegen[96] Diese Maßnahmen führten nicht nur einseitig zur Verbreitung von Eindrücken. Für den Baustil der DDR hatten diese Kontakte mit die BRD zur Folge, dass man mit dem dortigen Wohlstand konfrontiert wurde. Er hat dort das Automobil in den Fünfzigern zum allgegenwärtig verbreiteten Gegenstand werden lassen und damit die Stadt erst dann zur Stadt erklärt, wenn sie groß genug erschien um sie vom Auto aus zu erleben. Diese Eindrücke kamen dem Wunsch der SED, den die Sächsische Zeitung 1953 verkündete, dass die Stadt großflächige Aufmarschstraßen enthalten solle entgegen, sodass das neue Bild der sozialistischen Stadt von Freiflächen und überdimensionierten Verkehrswege gekennzeichnet sein sollte.[97] Damit wurde die Silhouette der Stadt gegenüber der Verzierung von einzelnen Gebäude wichtiger und deshalb wurde der „sozialistische Realismus", den Professor Kurt Liebknecht mit an die „Deutsche Bauakademie" gebracht hat um das „historische Erbe" an die „Bevölkerung" weiterzutragen, im Jahr 1954 von Chruschtschow in der UDSSR als überflüssiger Luxus abgeschafft.[98]

Diese Bestimmungen fanden Eingang in die Stadtplanung in Dresden. Obwohl dieser Grundsatz mit der bereits erwähnten These von Michael Geyer, der zufolge die SED frühzeitig eine „homogene [… Gesellschaft]"[99] angestrebt hat korrespondiert zeigen

---

93 Meuwissen, Ir., J.: „Architektur auf neuen Wegen", in: Das 20. Jahrhundert in Wort, Bild, Film und Ton (5), S. 223f
94 Vgl. Abelshauser (2004) , S. 127
95 Das 20. Jahrhundert in Wort, Bild, Film und Ton (5), S. 71
96 Beiträge zur Geschichte der Technischen Universität (6), S. 62, 64
97 Vgl. Ausstellung : „Der genossenschaftliche und gemeinnützige Wohnungsbau in Dresden zwischen 1898 und 1937" vom Deutschen Werkbund Sachsen e.V., die im Juli 2007 im Rathaus Dresden zu besichtigen war.
98 Meuwissen, Ir., J.: „Architektur auf neuen Wegen", in: Das 20. Jahrhundert in Wort, Bild, Film und Ton (5), S. 224
99 Abele (2003), S. 173

die bisherigen Erkenntnisse dass diese These einer Korrektur bedarf und mit »frühzeitig« 1954 gemeint werden sollte. Ein klares, festes der Gesellschaft wurde in diesem Jahr umso dringlicher, als im Oktober Belgien, die BRD, Frankreich. Großbritannien, Italien, Kanada, Luxemburg, die Niederlande und die USA in London über den Beitritt der BRD zur NATO berieten.[100] Um dem „militärischen Druck" Widerstand leisten zu können, wurde daraufhin auf dem Parteitag der SED die weitere Festigung des Sozialismus in der DDR beschlossen.[101] Sie hat das 3. Konzil der TH im Mai 1954 zu Beratungen über die „Durchsetzung der modernen Technik in der volkseigenen Industrie" veranlasst.[102] Die Wiederauflage der „Freundschaftsverträge" von 1951mit Industriebetrieben[103], die Gründung einer „Gesellschaft zur Verbreitung wissenschaftlicher Kenntnisse"[104] sowie eines „Industrieinstitutes" zur „Weiterbildung bewährter Praktiker aus der Produktion"[105] waren die Folge. Dazu kam die Zentralisierung der Hochschulbibliothek, der Beginn der Katalogisierung aller Schriftbestände der Hochschule und das Einrichten einer „Fotostelle" ebenda.[106] Da sich der deutsch-deutsche Konflikt 1954 verschärft hat, begann die DDR, politische bedingt, sich auf die sozialistischen Länder auszurichten, deren Erkenntnisse und technischen Vorgehen ebenfalls nach sowjetischen Methoden erfolgte. Weil man aber binnen eines Jahres dem 1953 verpflichtend eingeführtem Russisch noch nicht umfassend mächtig gewesen war,[107] oder weil die Fotos, die Literatur und die abnehmenden Zeitschriftenbestände nicht hinreichend Aufschluss über den Stand der dortigen Technik geben konnten,[108] lief die sichtbare Anpassung der DDR an diese Länder in diesem Jahr trotz der neuen Einrichtungen in der Bibliothek nur schleppend an.

Der von der Fotothek und der Literatur ausgelöste „Schaufenstereffekt" erwies sich allerdings insofern prägend für die Gestaltung der DDR, als man darüber in der Lage war zu erkennen, welche Kenntnisse in anderen sozialistischen Ländern abzuschöpfen waren. So fasste Professor Lewicki in einem Rundschreiben an die Fakultät für Bauwesen der TH zusammen, dass man im direkten Kontakt und Besichtigungen vor Ort von der UDSSR mehr über „Großbauten des Kommunismus", das „[großstädtische] Verkehrswesen" und über den „konstruktiven Ingenieurbau" lernen könne; von der CSR

---

[100] Lexirom (1995-1996), „Londoner Konferenzen, Protokolle und Verträge"
[101] Beiträge zur Geschichte der Technischen Universität (6), S. 61
[102] ebd., S. 63
[103] ebd., S. 63
[104] ebd., S. 65
[105] ebd., S. 68
[106] ebd., S. 67
[107] ebd., S. 52
[108] Vgl. TUD UA Fak. für Bauwesen, 1945 – 68, Nr. 373, Rundschreiben betreffs „Austausch von Professoren mit der SU und den Volksdemokratien sowie Reisen in die Länder der Volksdemokratien"

etwas über die „Montagebauweise mit Stahlbeton-Fertigbauteilen", von Ungarn zusätzlich dazu Methoden für den Bau von Verkehrsanlagen wie „den Bau einer Untergrundbahn" und von Betonstraßen und so weiter. Er kam zu dem Schluss: „Volle Klarheit können wir nur durch Besichtigungen und Besprechungen mit ausländischen Fachkollegen an Ort und Stelle erhalten. Man muß (im Original) daher sofort mit Studienreisen beginnen ... Ein weiterer Vorteil dieser Besichtigung ist der, daß (im Original) uns dabei auch die infrage kommenden sowjetischen Fachkollegen bekannt werden. Auf diese Weise entstehen wissenschaftlich begründete Freundschaften, die sich weiterhin in wissenschaftlichem Schriftwechsel und durch gegenseitige Gastvorträge auswirken und vertiefen werden."[109]

Auf dieser Grundlage wurde in Dresden die Abkehr von der traditionsvermittelnden Bauweise, die nach dem Zweiten Weltkrieg vor allem in der Rekonstruktion einzelner Baudenkmäler erkennbar war,[110] zur neuen sozialistischen Stadt möglich. Die verbindliche Ausrichtung der DDR auf sowjetische Einflüsse geschah indem ausgewählte Wissenschaftler ihre Kenntnisse aus dem vorwiegend sozialistischem Ausland an die Studienstätten in der DDR brachten von wo aus sie über das „Industrieinstitut"[111] oder auf anderen Kooperationswegen zwischen Wissenschaft und Industrie vor der Produktion beworben wurden und während das zentrale Organ, die „Deutsche Bauakademie"[112] sie Stellen bekannt machte, die deren Anwendung über die DDR hinweg verlangt haben.

3.3 Schicksalsjahr 1955?

Als Antwort auf die Verabschiedung der „Pariser Verträge" im Februar 1955, die den »Westmächten« erlaubten Militär in der BRD zu stationieren, und auf die Freigabe von beschlagnahmten Vermögen an die BRD im März[113], peilte die UDSSR die weitere Stabilisierung der DDR an, nachdem sie im Januar den Kriegszustand mit Deutschland für beendet erklärte. Zum Zeichen wurden im April Wissenschaftler in die DDR, aus der

---

[109] Vgl. TUD UA Fak. für Bauwesen, 1945 – 68, Nr. 373, Rundschreiben betreffs „Austausch von Professoren mit der SU und den Volksdemokratien sowie Reisen in die Länder der Volksdemokratien", S. 3
[110] Meuwissen, Ir., J.: „Die Baukunst nach der Zerstörung", in: „Die 40er Jahre", Stuttgart 2002, in: Das 20. Jahrhundert in Wort, Bild, Film und Ton (4), S. 254 und Reichert (2003) S. 258-262
[111] Beiträge zur Geschichte der Technischen Universität (6), S. 68
[112] ebd., S. 58
[113] Das 20. Jahrhundert in Wort, Bild, Film und Ton (5), S. 84

einige kurz nach dem Zweiten Weltkrieg schieden,[114] zurückgebracht, wo sie hoffentlich bald wieder „zu den engeren Mitarbeitern der Technischen Hochschule zählen" sollten.[115]

Die Anerkennung der Souveränität der DDR von der UDSSR im September 1955 spitzte mit der gleichzeitig entstandenen „Zwei-Staaten-Theorie", infolge ergebnisloser Gespräche über die Wiedervereinigung Deutschlands in Genf,[116] die deutsch-deutsche Beziehung zu. Man nahm die Wehrpflicht in die Verfassung der DDR auf.[117] Diese Ereignisse warfen – wie gezeigt – Schatten in das Jahr 1954 voraus. Deshalb wurde den Freundschaftsgrüßen die der TH aus der Volksrepublik Polen im März 1955 zugegangen sind[118] noch vor dem NATO-Beitritt der BRD zustimmend entgegnet, dass es nur in „gemeinsamen Anstrengungen gelingt, den Frieden zu erhalten." Damit war „eine Einladung zu einem Besuch in Dresden" verbunden.[119] Seitdem folgten Besuche aus unterschiedlichen sozialistischen Ländern und wurden erwidert.[120] Mit dieser Intensivierung von wissenschaftlichen Kontakten, die Professor Lewicki 1954 vorgeschlagen hatte,[121] verband sich der Antwort nach Polen gemäß mit der Kopplung von wissenschaftlichen Erkenntnissen das Ziel, Vorteile beim »Wettrüsten« im Ost-West-Konflikt zu erreichen, was erst die gesetzliche Festlegung des SSHSW, Auftragsforschung sowohl für die Industrie als auch für die 1956 gegründete NVA zu betreiben, gezeigt hat.[122]

Die Gespräche der Außenminister in Genf vom Juli und Oktober des Jahres, die unter Chruschtschow das internationale Verhältnis im Ost-West-Konflikt jedoch weiterhin entspannen sollten, zeigten aber, das der Konflikt anders gelöst werden sollte, wodurch die wissenschaftliche Kooperation zwischen den sozialistischen Ländern in einem anderen Licht erscheinen. Ein Mangel an Arbeitskräften in der Industrie führte in der UDSSR zur Abrüstung,[123] wodurch die Stärke von einer der konfligierenden Parteien am Wohlstand der Staaten gemessen wurde. Das erwähnte Antwortschreiben der TH an Polen bezeugt das. Die „gemeinsamen Anstrengungen" waren in den ersten Zeilen auf die „Entwicklung des Wohlstandes der Völker" orientiert.[124] Der 1953 eingeleitete

---

[114] Pommerin (2003), S. 222-227
[115] ebd., S. 83 und Beiträge zur Geschichte der Technischen Universität (6), S. 78
[116] Vgl. Lexirom (1995-1996), „deutsche Geschichte"
[117] ebd., S. 284
[118] Beiträge zur Geschichte der Technischen Universität (6), S. 76
[119] ebd., S. 78
[120] ebd., S. 81 und S. 87
[121] Vgl. TUD UA Fak. für Bauwesen, 1945 – 68, Nr. 373, Rundschreiben betreffs „Austausch von Professoren mit der SU und den Volksdemokratien sowie Reisen in die Länder der Volksdemokratien", S. 3
[122] Pommerin (2003), S.
[123] Das 20. Jahrhundert in Wort, Bild, Film und Ton (5), S.371
[124] Beiträge zur Geschichte der Technischen Universität (6), S. 78

„Schaufenstereffekt" war 1955 neben dem Bezeugen der sozialistischen Widerstandskraft[125] im Plus. Deshalb kam es dazu, dass der persönliche Kontakt zwischen Wissenschaftlern und Studenten der TH und aus anderen Ländern neben Besichtigungen von Hochschulen und Industriebetrieben immer auch um ein kulturelles Rahmenprogramm ergänzt war.[126] Dafür erhielt Dresden 1955 Gemälde aus der UDSSR zurück,[127] die den Wiederaufbau der Gemäldegalerie veranlassten.[128] Doch die nicht bloß Kunstsammlungen waren Schaufenster, die ganze DDR fungierte als Repräsentation, auch im Stadtbild.[129]

Das war 1955 noch Utopie, wurde aber vom Ministerrat im April 1955 mit dem Beschluss zu industriellem Bauen anvisiert; der zweite Fünfjahrplan sollte ab März 1956[130] den Wohlstand auf dieser Grundlage weiter vorantreiben. Mechanisierung und Automatisierung, die Industrialisierung der Produktion sollte billiger, zeit- und kraftsparend Arbeitsprodukte in ungeahnte Menge und Qualität hervorbringen. Der weitere Anstieg der Lebensqualität, die 1953 angelaufen war, forderte auf einer Seite Produkte und die Verringerung des dafür zu bewältigenden Aufwandes auf der anderen Seite. Die Effizienzsteigerung der menschlichen Arbeitskraft von verschiedenen Tätigkeiten verbarg sich als Ziel hinter dem 1955 in der DDR aufgetauchten Begriff „wissenschaftlich-technische Revolution".[131] Unter deren Ägide begann die internationale Beziehungen zwischen Wissenschaftlern aus sozialistischen Ländern, die formell seit 1950 im RGW zusammengebracht wurden, [132] in der zweiten Hälfte der fünfziger Jahre nennenswert zu werden.[133] Grundlage bildeten Besuche von Bildungsstätten und Kontakte zwischen Wissenschaftlern und Studenten denen weitläufig

---

[125] ebd., S. 80f : „Die [zentrale Hochschulkonferenz des Staatssekretariates für Hochschulwesen] steht unter der Losung »An unseren Universitäten und Hochschulen sollen nicht nur Spezialisten ausgebildet werden, sondern solche Fachleute, die dem Arbeiter-und-Bauern-Staat treu ergeben sind, sich für die Verteidigung …einsetzen und sich von den edlen patriotischen Gefühlen des Kampfes um Frieden … leiten lassen «"

[126] Vgl. TUD UA Fak. für Bauwesen 1945 – 1968, Nr. 185, „Bericht über die Durchführung des Praktikums der zehn polnischen Studenten vom Politechnikum Warschau in der Zeit vom 3. – 31. 8. 1956", Dresden 1956

[127] ebd., S. 89

[128] Reichert (2003), S. 261

[129] Vgl. TUD UA Fak. für Bauwesen 1945 – 1968, Nr. 185, „Bericht über die Durchführung des Praktikums der zehn polnischen Studenten vom Politechnikum Warschau in der Zeit vom 3. – 31. 8. 1956", Dresden 1956

[130] Klaus, Werner, Kinder, Kurt: „Chronik der TU Dresden von 1961 – 1961", Dresden 1977, Beiträge zur Geschichte der Technischen Universität (7), S. 5

[131] Beiträge zur Geschichte der Technischen Universität (6), S.81

[132] Pommerin (2003), S. 253

[133] Das 20. Jahrhundert in Wort, Bild, Film und Ton (5), S.371

die Pracht der Länder vorgeführt wurde[134], während man sich zentral informieren konnte.[135] Deshalb macht der Kommentar von Rainer Pommerins Zeitzeugen, dem 1953 aus Dresden nach Braunschweig übersiedeltem Architekten und Professor Walter Henn[136], „jeder musste [in der WZTHD] über seine Arbeit berichten [damit] die Russen einen Überblick über alles, was sich in der Hochschule so tat [erhalten konnten]"[137], vor 1955 nicht recht Sinn. Den Eindruck verstärkt zumal der Umstand, dass in den Ausgaben vom Studienjahr 1954/55 erstmals Institutsberichte aus allen Abteilungen enthalten waren.

4. Fazit: Dresden nimmt sozialistische Gestalt an?

Die Fakultät für Bauwesen bestand derzeit aus drei Abteilungen für Architektur, Bauingenieurwesen und Vermessungswesen gegliedert. Der noch bis 1956 amtierende Rektor der TH, Professor Peschel hatte den Lehrstuhl für Vermessungswesen inne. In der Abteilung für Bauingenieurwesen, denen das Labor für Flussbau und das Labor für Stadt- und Straßenbauwesen angehörten, das Walter Riedel unterstand,[138] lehrten neben Ernst Lewicki, der das „Institut für Stahlbeton, Massivbrücken, Grundbau und Baubetrieb" leitete, noch Alfred Hüttner „Baustoffwissenschaften", Günther Grünig „Technische Mechanik und Festigkeitslehre", Gottfried Brendel die „Theorie des Stahlbetons" und Gustav Bürgermeister „Statik". In der Abteilung für Architektur lehrten als Professoren: Leopold Wiel „Werklehre I und Entwerfen", Walter Hentschel „Bau- und Kunstgeschichte", Cords-Pachim auf dem Lehrstuhl für ländliches Bauwesen, Heinrich Rettig „Werklehre II, Gebäudelehre und Entwerfen", Georg Funk „Städtebau", Otto König „Statik", Reinhold Langner „Bauplastik", Alfred Mühler „Raumkunst" und schließlich Georg Nehrlich „Malen und Graphik".[139]

Darüber hinaus sind die Professoren Walter Hentschel und Wolfgang Rauda nicht zu vergessen, die sich Bau- und Kunstgeschichte widmeten. Letztere bekamen die politische Ausrichtung auf die neue sozialistische Bauweise, die vielfach im wissenschaftlichen Austausch vor allem über das Labor von Walter Riedel an die TH importiert wurde nach den Ereignissen von 1956 zu spüren. Denn nach anfänglicher

---

[134] Vgl. TUD UA Fak. für Bauwesen 1945 – 1968, Nr. 185, „Bericht über die Durchführung des Praktikums der zehn polnischen Studenten vom Politechnikum Warschau in der Zeit vom 3. – 31. 8. 1956", Dresden 1956 , u.a.
[135] Beiträge zur Geschichte der Technischen Universität (6), S. 67: Zentralisierung der Bibliothek
[136] Vgl. Lubitz (2007)
[137] Pommerin (2003), S. 256
[138] „In memoriam Professor Dr.-Ing. Walter Riedel", Dresden 1965, in: WZTUD (14), S. 1369
[139] Pommerin (2003), S. 265ff, bzgl. Georg Brendl Vgl. „In memoriam Professor Dr.-Ing. E.h. Dipl.-Ing. Gottfried Brendel" , Dresden 1965, in: WZTUD (14), S. 1367

Begeisterung und Verunsicherung darüber, welchen Weg die UDSSR und die mit ihr assoziierten Staaten nach der Abrechnung Chruschtschows mit Stalin auf dem XX. Parteitag der KPDSU in Moskau, Februar des Jahres, einschlagen könnten,[140] folgte die Ernüchterung als die militärische Niederschlagung der antikommunistischen Aufstände in Ungarn im Oktober die Grenzen der nicht mehr stummen Entstalinisierung deutlich werden ließen.[141] Auch die Krise am Suez-Kanal ließ die UDSSR ihre Entspannungspolitik weiter zurückfahren.[142] Infolge der Einbindung in die entgegengesetzten Militärblöcke verschärfte sich die politische Lage zwischen der DDR und der BRD. Der Doktrin von Seiten der BRD, für die Walter Hallsteins Namen genutzt wurde, keinen Kontakt mit sozialistischen Ländern zu pflegen, dem Anspruch Deutschland allein rechtmäßig zu vertreten sowie dem Verbot der KPD in der BRD setzte das Zentralkomitee der SED im Dezember die Einführung einer „Genehmigungspflicht für Reisen Studierender in die NATO-Staaten"[143] entgegen. Der wissenschaftliche Austausch von Studenten des Lehrstuhls für Baugeschichte und Kunstgeschichte von der Fakultät für Bauwesen mit der TH Braunschweig, an die Walter Henn 1953 gegangen war, der sich ebenfalls mit der „Sicherung und dem Wiederaufbau historischer Bauwerke" beschäftigt hat,[144] wurde daraufhin undenkbar.[145]

Die neue Form der Auseinandersetzung zwischen dem »Ostblock« und den »Westmächten« brachte aufgrund dessen mit der wissenschaftlichen Zusammenarbeit der sozialistischen Länder ab 1955 auch einige nationalen Unterschiede zum »verschwinden«. Die Losung von 1956 „Die Wissenschaft von heute ist die Produktion von morgen",[146] der ein Bauvorhaben folgte mit dem man im zweiten Fünfjahrplan darauf spekulierte „100 000 Wohnungen zusätzlich zum Plan zu schaffen" um die „ungeheuer große Wohnraumnot" [147] zu lindern und damit den Wohlstand der Bevölkerung zu heben, gründete in der Auswertung ausländischer Produktionsmechanismen seit 1955 zur Herstellung von Betonplatten und Betonmontagebauweise von Gebäuden.[148] Zugunsten der „Erneuerung [die] infolge

---

[140] Das 20. Jahrhundert in Wort, Bild, Film und Ton (5), S. 367, Beiträge zur Geschichte der Technischen Universität (7), S. 3

[141] Das 20. Jahrhundert in Wort, Bild, Film und Ton (5), S. 371

[142] ebd., S. 371

[143] Beiträge zur Geschichte der Technischen Universität (7), S. 16

[144] Lubitz (2007)

[145] Vgl. TUD UA Fak. Für Bauwesen, 1945-68, Nr. 131, Walter Hentschel an Konrad Hecht, 26. 8. 1957, 24. 3. 1958, 2. 6. 1958

[146] Beiträge zur Geschichte der Technischen Universität (7), S. 6

[147] Emmerich, Siegfried: „Großblockbauweise", in: TUD UA, Hochschulzeitung, 1958, Nr.5

[148] Vgl. Gwodsdjew, A. A.: „Die Entwicklung der Stahlbetonfertigteilebauweise in der UDSSR", Dresden 1954/55, WZTHD (4), S. 53ff, Kudrjschew, I. T.: „Autoklav-Zellenbeton für Großplattenkonstruktionen in der UDSSR", Dresden 1954/55, WZTHD (4), S. 369ff, Wassiljew, B. F.: „Projektierung von

technischer Überalterung oder Unzweckmäßigkeit des vorhanden Bestandes", die als „umfassende Aufgabe des sozialistischen Städtebaus ... mit der generellen Erneuerung der Städte"[149] einherging, zerstörte man in Dresden 1956 teilweise rekonstruierbare Gebäude. Ein Beispiel war „die Sprengung der Rampischen Gasse, die 1956 ausgerechnet am Jahrestag der Stadtgründung erfolgte."[150] Damit beabsichtigte man, eine sichtbare Trennung zwischen dem Bereich von kulturellen Einrichtungen und solchen vorzunehmen, „die täglich aufgesucht werden".[151] Freiflächen, Plätze und Straßen waren zu dieser Zeit ein zentrale Element der Stadtkomposition um die unterschiedlichen Bereiche voneinander zu trennen.[152] Auf der anderen Seite der ehemaligen Ernst-Thälmann-Straße, heutigen Wildsruffer Straße, der West-Ost-Achse in Dresden, zwischen dem Pirnaischem Platz und Postplatz, gegenüber von dem „historischen Erbe" sind zwischen 1953 und 1956 an der Ostseite des Dresdener Altmarktes Geschäfts-Wohn-Gebäude entstanden, die den darauffolgenden Jahren bis zur Baustelle des neuen Rathauses hin weitergeführt wurden.[153] Dieses Zentrum Dresdens wurde in den Fünfzigern daneben vom Altmarkt bis zur Wall-Ring-Straße, die Westseite vom Altmarkt zur Webergasse, die auf den Postplatz hin führt, weiter gebaut.[154] Damit waren der rekonstruierte historische Bereich und das neuentwickelte Zentrum am Altmarkt ein geteilter Bereich der noch mit einer Freifläche westlich der Webergasse verbunden 1960 zwischen den Nord-Süd-Hauptverkehrsstraßen am Postplatz und Pirnaischem Platz eingebettet, als Zentrum von den Wohngebieten in Richtung Fucjik Platz reichten, der heute Straßburger Platz heißt, nach Osten abgegrenzt.[155] Die mit „Siedlung" beim rechten Namen genannten Wohngebieten von »lockerer, halbländlicher Bebauung« die zum ehemaligem Fucjik Platz führten waren die Folge einer weiteren (funktionellen) Trennung von Bereichen die zusammengehören: dem 26er Ring.[156] Damit war Sprengung der Rampischen Gasse eine politisch begründbare Notwendigkeit, um die Innenstadt

---

Stahlbeton-Montageweise für Industrie- und Wohnbauten in der UDSSR", Dresden 1954/55, WZTHD (4), S. 571ff

[149] TUD UA. Fak. für Bauwesen, 1945-68, Nr. 168, „Probleme der Umwandlung und des Wiederaufbaus der Stadtzentren in der DDR", o. O. u. J., S. 2

[150] Baer (1991), S. 29

[151] TUD UA. Fak. für Bauwesen, 1945-68, Nr. 168, „Probleme der Umwandlung und des Wiederaufbaus der Stadtzentren in der DDR", o. O. u. J., S. 5

[152] Baer (1991)

[153] Baer (1991), S. 26, und Reichert (2003), S. 261

[154] ebd., a.a.O.

[155] TUD UA. Fak. für Bauwesen, 1945-68, Nr. 168, „Probleme der Umwandlung und des Wiederaufbaus der Stadtzentren in der DDR", o. O. u. J., S. 10

[156] Die Dresdener Innenstadt war zu der Zeit das, was von der Straßenbahnlinie 26 eingeschlossen wurde. Die Linie 26 umfuhr das Stadtzentrum vom Hauptbahnhof am Postplatz vorbei zum Albertplatz, und kehrte von dort über Fucjik Platz entlang des Pirnaischen Platzes zum Hauptbahnhof zurück, wo sie den »26er Ring« schloss.

nachträglich an das Gesamtbild der sozialistischen Stadt anzupassen. Weil der Wiederaufbau von Dresden aber früh in der Innenstadt begonnen und weil die erste Phase unter dem Gesichtspunkt, an das historische Dresden anzuknüpfen, gestand hat,[157] musste man sich dem historischen Zentrum nach außen hin harmonisch anzugliedern wünschen. In dieser Pfadabhängigkeit mussten die regionale Eigenheiten der Stadt aufgrund der Rekonstruktion der Innenstadt erhalten bleiben. Nur die räumliche Abgrenzung der Stadt erlaubte, den »Schaufenstereffekt«, der 1953 mit den Fotos von sowjetischen Hochhäusern angeregt worden ist, in Dresden zu realisieren ohne direkte Kontraste herzustellen. Das Gebot der Abgrenzung und offenen Bebauung,[158] die Dresden überschaubar werden lassen haben erwirkten, dass der Wohlstand, den man 1955/56 mit dem Neubau von Wohnräumen in industrieller Produktionsweise erreichen wollte, nicht im Stadtzentrum zu suchen war außer durch die Wiederbelebung der Innenstadt, mit den zahlreichen Gaststätten und Läden, die in den vorweg genannten Neubauten entstanden sind.[159] Mit dem Beispiel der Rampischen Gasse ließe sich dieser Umstand mit der Vernachlässigung der alten Baubestände begründen.[160] Richtig ist aber auch, die Projekte an der Borsbergstraße in Dresden-Striesen und die Wohngebäude zwischen Striesener-, Comenius-, Fetscher, und Marschnerstraße in Dresden-Johannstadt,[161] die in Dresden 1955 den Übergang von der herkömmlichen Ziegelbauweise zur Plattenbauweise markierten,[162] den neuen Standard am Bau darstellen sollten. Das lag daran, dass die Fakultät für Bauwesen, der die 25jährige Praxis des Plattenbaus [163] aus der UDSSR zugänglich war, das Gebiet Dresden-Johannstadt projektiert haben.[164] Die Herren Heinike, Hempel, Wiel und Trauzettel beschäftigten sich seit Anfang der Fünfziger mit der Typisierung von Gebäuden für unterschiedliche Zwecke.[165] Heinrich Rettig führte das Institut für Ausbautechnik und vertrat in seinem Wirken die Forderung, billiger, einfacher

---

[157] Das 20. Jahrhundert in Wort, Bild, Film und Ton (4), S. 254

[158] TUD UA. Fak. für Bauwesen, 1945-68, Nr. 168, „Probleme der Umwandlung und des Wiederaufbaus der Stadtzentren in der DDR", o. O. u. J., S.

[159] Reichert (2003), S. 256

[160] Baer (1991)

[161] Reichert (2003), S. 261f

[162] Emmerich (1958)

[163] ebd.

[164] Münter, Georg: "Fakultät für Bauwesen auf neuen Wegen", in: TUD UA, Hochschulzeitung, 1958, Nr.5

[165] Vgl. Wiel, L., Trauzettel, H.: Wohnungstypen mit tragenden Querwänden, Dresden 1952, in: WZTHD (1), S. 321ff, Rettig, H.: Hinweise und Vorschläge zur Typenentwicklung, Dresden 1954, in: WZTHD (3), S. 33ff, Hempel, H.: Untersuchungen über die Wohnwünsche unserer Bevölkerung, Dresden 1954, in: WZTHD (3), S39f f, "Mietererfahrungen mit der Kochnische", Dresden 1954, in: WZTHD (3), S. 51ff, Trauzettel, H.: Beitrag zur Entwicklung zweckmäßiger Typenentwürfe für Kindergärten, Dresden 1955, in: WZTHD (4), S. 741ff, Krönert, R., Krönert, W., Vorschläge zur Typenserie des individuellen Eigenheimbaues, Dresden 1958, in: WZTHD (8), S. 5ff

und schneller zu bauen, ohne auf Qualität im Innenbereich der Gebäude zu verzichten.[166]

– Er projektierte vor 1957 diverse Lehr- und Internatsgebäude im Gebiet der TH, Zwickau, Riesa, Freital, Glashütte und Weißwasser. Dabei versuchte er die industrielle Bauweise durch Vorfertigung austauschbarer Teile und radikale Standardisierung, was eine hohe Auflage möglichst weniger Typen brachte, umzusetzen und zu verbessern.[167] Seine Forschungsergebnis in Form einer Lose-Blatt-Sammlung galten derart hervorragend, dass sie den „Bezug ausländischer Zeitschriften" einschränkend, in der DDR weiter verbreitet werden sollten, „da jedes Einsparen von Devisen auf diesem Gebiete die Einfuhr von lebensnotwendigen Waren erhöhen würde."[168]

Damit zeigt sich Grund für das einheitliche Stadtbild der sozialistischen Stadt außerhalb des Stadtkerns. Dresden-Striesen und Dresden-Johannstadt, die mit dem Know-How der Fakultät für Bauwesen und deren Auslandskontakte[169] mit Großplatten gebaut wurden, entstammten, weil sie von der TH geplant wurden, unter der Leitung von Professor Funk. Er war gemeinsam mit Professor Lewicki als damaliger Dekan der Fakultät 1953 an die „Deutsche Bauakademie" nach Berlin berufen. Dort erfuhren sie von den „16 Grundsätzen des Städtebaus" die der Ministerrat der SED im Juli 1950 beschlossen hatte und lernten die in Berlin initiierten »Meisterwerkstätten« kennen „in denen maßgebende Entwürfe [des] künftigen ‚sozialistischen Städtebau' entwickelt worden."[170] Seine Reisen führten ihn beispielsweise nach Bulgarien und auch sonst hatte er einen regen wissenschaftlichen Kontakt.[171] Diese Kenntnisse und Berichte seiner Kollegen gelangten über ihn nach Berlin, von wo aus sie über die DDR verstreut wurden. Er kann deshalb als eine führende Person gelten, der darum nicht nur die Gebiete in Dresden plante, sondern auch die Städte Hoyerswerda und Magdeburg.[172] Besonders hervorzuheben ist die Orientierung Funks am Baustil der 20er Jahre,[173] also an den Baustil, der dem industriellen verwandt wirkt und seinerzeit Deutschland zu einer Mekka

---

[166] Vgl. TUD UA, Nr. 926, „10 Jahre wissenschaftliche Arbeit in Lehre und Forschung der Technischen Hochschule Dresden 1949 – 1959", Dresden 1959, in: WZTHD (8), S. 72ff, Rettig, H.: „Baukunst und Massenfertigung", Dresden 1953, in: WZTHD (2), S. 181ff, „Ersparnisse und Verbesserungen durch eine ‚Entflechtung' der der Bauarbeiten", Dresden 1953, in: WZTHD (2), S. 935ff, „Typisierung und Normierung im Bauwesen – Ihr Einfluss auf die künstlerische Gestaltung", Dresden 1954, in: WZTHD (3), S. 377ff, „Fertigungstechnik im Hochbau", Dresden 1957, in: WZTHD (6), S. 211ff

[167] Vgl. Wiel, L.: „Professor Dr.-Ing. E.h. Heinrich Rettig · Lehre, Forschung und Praxis von 1945 bis 1965", Dresden 1965, in WZTUD (14), S. 521-528

[168] TUD UA Fak. für Bauwesen 1945-68, Nr. 24, "Vorschlag der Fakultätsorganisation der SED an den Rat der Fakultät für Bauwesen", Dresden 1957, S. 7

[169] Vgl. Fußnote 152 und Fußnote 113

[170] Beiträge zur Geschichte der Technischen Universität (6), S. 58, Baer (1991), S. 23f

[171] Vgl. TUD UA, Nr. 926, „10 Jahre wissenschaftliche Arbeit in Lehre und Forschung der Technischen Hochschule Dresden 1949 – 1959", Dresden 1959, in: WZTHD (8), S. 66ff

[172] Pommerin (2003), S. 266

[173] TUD UA. Fak. für Bauwesen, 1945-68, Nr. 168, „Probleme der Umwandlung und des Wiederaufbaus der Stadtzentren in der DDR", o. O. u. J., S. 10

des Bauens hat werden lassen. Seine Entwürfe fügten sich also besser in das Stadtbild außerhalb der Innenstadt, wo schon in den Zwanzigern mit dem Bau gleichwirkender Gebäude im Zuge des Genossenschaftlichen Bauens begonnen worden ist.[174]

Diese Einheitlichkeit, so sehr sie 1955 und 1957, als mit dem Bau von Dresden-Striesen und Dresden-Johannstadt begonnen wurde, auch fortschrittlich gewesen ist, sie war nicht ausgereift.[175] Sie fand auch keineswegs Zuspruch bei denen, die in Großblock-Montagebauweise zu bauen hatten.[176] Zum Aufbau dieser Häuser, die 1957 an vielen Stellen gleichzeitig auf den (sic!) Boden gestampft wurden, gerade weil man dem Plattenbau noch wenig zugeneigt war,[177] wurden Studenten verpflichtet – die »neue Intelligenz« auf die die SED schon sehr früh gesetzt hat.[178] Für die in den vergangenen Jahren entstandenen Einschränkungen und um sich ihres Beistandes zu versichern wurden sie 1957 erst mit dem Fortfall von Studiengebühren belohnt.[179] Anschließend schloss die TH im März einen neuen Freundschaftsvertrag mit dem VEB Kraftwerks- und Industriebau ab.[180] Gemeinsam mit weiteren Patenbetrieben allen voran VEB Bau-Union, sollten die Studenten und Absolventen dieser Fakultät das neue Wissen nutzen um den Sozialismus aufzubauen. Deswegen hatte man schon vor der Gründung der DDR Arbeiter zum Studium delegiert. Im Verlauf dieser Arbeit sollte herausgekommen sein, welchen Schwankungen und Brüchen die Studenten bis zur Einführung der neuen Bauweise unterlagen. Es konnte so nicht gelingen, die neuesten Erkenntnisse über die Studenten durchzusetzen. Viele von ihnen endeten in Entwurfsbüros statt auf dem Bau.[181] Obwohl die Häuser für die Zwecke gut waren, war es der Ablehnung der Industrie gegenüber der »neuen Intelligenz«[182] und dem Festhalten am Alten in der ersten Phase des Wideraufbaus Dresdens bis 1957 geschuldet, dass die Eindrücke monumentaler Hochhäuser und futuristischer Städte sich im diffusen Bild vom Sozialistischen Dresden nicht wiederfinden. Damit konnte geschlussfolgert werden: Dresden würde niemals sozialistisch aussehen können.

---

[174] Vgl. Ausstellung : „Der genossenschaftliche und gemeinnützige Wohnungsbau in Dresden zwischen 1898 und 1937" vom Deutschen Werkbund Sachsen e.V., die im Juli 2007 im Rathaus Dresden zu besichtigen war.

[175] Baer (1991), S.

[176] Emmerich (1958), S.

[177] TUD UA Fak. für Bauwesen 1945-68, Nr. 24, "Vorschlag der Fakultätsorganisation der SED an den Rat der Fakultät für Bauwesen", Dresden 1957, S.3

[178] Beiträge zur Geschichte der Technischen Universität (7), S. 4 „Erste Beststudentenkonferenz der an der Fakultät für Bauwesen", Januar 1956

[179] ebd., S. 17

[180] ebd., S. 18

[181] TUD UA fak. Für Bauwesen, 1945-68, S.

[182] Abele (2003), S. 177

ABKÜRZUNGEN

BRD	Bundesrepublik Deutschland
DDR	Deutsche Demokratische Republik
FDJ	Freie Deutsche Jugend
KPD	Kommunistische Partei Deutschlands
NATO	North Atlantic Treaty Organization
NVA	Nationale Volksarmee
RGW	Rat für Gegenseitige Wirtschaftshilfe
SBZ	Sowjetische Besatzungszone
SED	Sozialistische Einheitspartei Deutschlands
SMAD	Sowjetische Militäradministration in Deutschland
SSHSW	Staatssekretariat für Hochschulwesen
TH	Technische Hochschule Dresden
UDSSR	Union der Sozialistischen Sowjetrepubliken
WZTHD	Wissenschaftliche Zeitschrift der Technischen Hochschule Dresden
WZTUD	Wissenschaftliche Zeitschrift der Technischen Universität Dresden
ZK	Zentralkomitee

QUELLENANGABEN:

ARCHIVALIEN

TUD UA   Technische Universität Dresden, Universitätsarchiv

TUD UA, Nr. 926

    „10 Jahre wissenschaftliche Arbeit in Lehre und Forschung der Technischen

    Hochschule Dresden 1949 – 1959", WZTHD (8), 1958/59

TUD UA, Nr. 403

    Gold, Steffi: Entwicklung der Auslandsbeziehungen der Technischen

    Hochschule/Technischen Universität Dresden in der Zeit von 1890 bis 1991,

    1991

TUD UA

    Emmerich, Siegfried: „Großblockbauweise", in: Hochschulzeitung, Dresden

    1958, Nr. 5

    Münter, Georg: „Fakultät für Bauwesen auf neuen Wegen", in:

    Hochschulzeitung, Dresden 1958, Nr. 5

TUD UA , Fak. für Bauwesen   Fakultät für Bauwesen

TUD UA Fak. für Bauwesen 1945-68, Nr. 24

    "Vorschlag der Fakultätsorganisation der SED an den Rat der Fakultät für

    Bauwesen", Dresden 1957

TUD UA Fak. für Bauwesen, 1945-68, Nr. 131

    Walter Hentschel an Konrad Hecht, 26. 8. 1957, 24. 3. 1958, 2. 6. 1958

TUD UA Fak. für Bauwesen, 1945-68, Nr. 168

    „Probleme der Umwandlung und des Wiederaufbaus der Stadtzentren in der

    DDR", o. O. u. J.

TUD UA Fak. für Bauwesen, 1945-68, Nr. 185

    „Bericht über die Durchführung des Praktikums der zehn polnischen Studenten

    vom Politechnikum Warschau in der Zeit vom 3. – 31. 8. 1956", Dresden

    1956

TUD UA Fak. für Bauwesen, 1945 – 68, Nr. 373,

    „Semesterabschlussbericht für das Herbstsemester vom 7.9. bis 19.12. 1953",

    Dresden 1954

„Austausch von Professoren mit der SU und den Volksdemokratien sowie
Reisen in die Länder der Volksdemokratien", Dresden 1954

LITERATUR

Abele, Johannes: Modernisierung der Industriegesellschaft. Hochschulpolitik in der
DDR, in „Wissenschaft und Technik – Studien zur Geschichte der TU
Dresden", hrsg. v. T. Hänseroth, Köln, Weimar, Wien 2003, S. 171 – 188

Abelshauser, Werner, Deutsche Wirtschaftgeschichte seit 1945, München 2004

Ansprenger, Franz: Wie unsere Zukunft entstand, Ein kritischer Leitfaden zur
internationalen Politik, Schwalbach/Taunus[3] 2005, S. 95 - 114

Baer, Otto: Betrachtungen zum Städtebau in Dresden in den fünfziger Jahren, in:
Wiederaufbau und Dogma, Dresden in den fünfziger Jahren, Dresdner Hefte
(28), Dresden 1991, S. 23 – 24

Barkleit, Gehard: „Mikroelektronik in Lehre und Forschung an der Technischen
Universität Dresden", in „Wissenschaft und Technik – Studien zur Geschichte
der TU Dresden", hrsg. v. T. Hänseroth, Köln, Weimar, Wien 2003, S. 159 -
281

Bertram, Martin, et altera, Abitur 2007, Geschichte Leistungskurs Sachsen 1996 – 2006,
Freising[12] 2006

„Die 40er Jahre", Stuttgart 2002, Das 20. Jahrhundert in Wort, Bild, Film und Ton (4)

„Die 50er Jahre", Stuttgart 2002, Das 20. Jahrhundert in Wort, Bild, Film und Ton (5)

Klaus, Werner, Buchmann, Klaus: „Chronik der TU Dresden von 1949 - 1955",
Dresden 1975, Beiträge zur Geschichte der Technischen Universität (6)

Klaus, Werner, Kinder, Kurt: „Chronik der TU Dresden von 1961 - 1961", Dresden
1975, Beiträge zur Geschichte der Technischen Universität (7)

Lexirom Version 2.0., Microsoft Corporation und Bibliographisches Institut & F.A.
Brockhaus AG, 1995 - 1996

Lubitz, Jahn: Walter Henn 1912 - 2006. Architekten-Portrait, 2007,
http://www.architekten-portrait.de/walter_henn/index.html, 24.7.2007 11:20

Mauersberger, Klaus: Wirtschaftskooperationen im Systemwandel am Beispiel des
Wissenschaftlich-Photographischen Instituts, in: Wissenschaft und Technik –
Studien zur Geschichte der TU Dresden, hrsg. v. T. Hänseroth, Köln, Weimar,
Wien 2003, S. 135 – 154

Pommerin, Reiner: Geschichte der TU Dresden - 1828 - 2003, Köln 2003

Reichert, Friedrich: „Aufbau der Stadt Dresden 1945 – 2002“, Altenburg 2003,
Dresdner Geschichtsbuch (9), hrsg. v. Stadtmuseum Dresden